LABOURAGE A VAPEUR

CONCOURS INTERNATIONAL
DE ROANNE

RAPPORT DU JURY

PRIX 50 CENTIMES

PARIS

LIBRAIRIE AGRICOLE DE LA MAISON RUSTIQUE
Rue Jacob, 26

MONTEREAU. — IMPRIMERIE DE LÉON ZANOTE

CONCOURS INTERNATIONAL

DE ROANNE

MEMBRES DU JURY

<table>
<tr><td rowspan="5">Pour la FRANCE</td><td>MM. le comte BENOIST d'AZY, Président;</td></tr>
<tr><td>Ernest PEPIN-LEHALLEUR, Rapporteur;</td></tr>
<tr><td>TIERSONNIER;</td></tr>
<tr><td>JOBEZ;</td></tr>
<tr><td>PLUCHET.</td></tr>
<tr><td rowspan="3">Pour l'ANGLETERRE</td><td>FISHER HOBBS, Membre de la Société royale d'Agriculture d'Angleterre, Président du Farwert-Club;</td></tr>
<tr><td>THACKERAY, Membre de la Société royale d'Angleterre.</td></tr>
<tr><td>Jacob WILSON, Membre de la Société royale d'Agriculture d'Angleterre.</td></tr>
</table>

INTRODUCTION

Dans la séance de distribution des récompenses qui a eu lieu le 8 mai à Roanne, à l'issue du Concours régional agricole, le rapporteur du jury pour le Concours international de culture à vapeur ne pouvait disposer du temps nécessaire, ni pour motiver suffisamment les décisions du jury, ni pour faire connaître ses appréciations sur la nature et la portée des services que pouvait rendre la vapeur introduite dans la culture des champs : aussi, fut-il décidé qu'il serait rédigé un rapport complémentaire de celui très-succinct lu en séance publique. C'est ce rapport que le jury adresse aujourd'hui à M. le comte de Vougy, président de la Commission départementale formée au sein des trois Sociétés d'agriculture du département de la Loire, en le priant de le recevoir personnellement et de le présenter à ses collègues, comme un hommage des membres du jury, d'abord de reconnaissance publique pour le service que la Commission a rendu à l'agriculture française, en prenant l'initiative d'organiser à ses frais, et avec l'appui de l'Administration supérieure, ce Concours international de culture à vapeur ; et aussi comme un dernier témoignage de gratitude privée pour l'honneur qu'elle a bien voulu leur faire en les choisissant pour remplir le mandat dont nous venons lui rendre compte.

Dans une première partie de ce rapport, nous présenterons une description technique des appareils amenés sur le champ du Concours par les divers concurrents ayant répondu à l'appel de la Commission départementale; dans la deuxième partie, nous ferons connaître la marche adoptée par le jury pour établir une comparaison entre ces divers appareils et constater le prix de revient et la qualité des travaux exécutés par eux, soit superficiellement, soit profondément, pour servir de base à leur classement en mérite; dans la troisième et dernière partie, nous exposerons les appréciations du jury sur l'avenir de la culture à vapeur en France.

PREMIÈRE PARTIE

Trois concurrents seulement ont pris part au concours : un anglais, M. Howard, de Bedford ; et deux français, M. le marquis de Poncins, de Valeille (Loire), et M. Ganneron, de Paris. Deux constructeurs, l'un anglais, M. Fowler, de Leeds, et l'autre français, M. Lotz, de Nantes, avaient annoncé leur projet d'envoyer leurs appareils à Roanne ; mais des circonstances indépendantes de leur volonté se sont opposées à la réalisation de leurs promesses. Les succès soutenus de M. Fowler dans les concours de culture à vapeur tenus jusqu'à ce jour en Angleterre ont rendu son absence d'autant plus regrettable, que ses appareils, si ingénieux et si puissants, diffèrent sensiblement, dans leur composition et leur fonctionnement, de ceux de MM. Howard frères ; le Jury a regretté également que les appareils nouveaux de M. Lotz n'aient pas été achevés en temps utile pour pouvoir être comparés à ceux de ses devanciers, soit anglais, soit français.

1° Appareils de MM. HOWARD frères.

L'ensemble des appareils de MM. Howard se compose de :

1° Une locomobile fournissant la force motrice ;

2° D'un treuil ou cabestan, de tambours, de câbles, de poulies fixes et mobiles pendant le travail, de supports de câbles, servant d'organes de transmission entre la force motrice et la machine-outil destinée à cultiver le sol ;

3° De la machine-outil, charrue, scarificateur ou herse.

Avant d'entrer dans quelques détails descriptifs concernant les principaux de ces organes, tâchons de donner au lecteur une idée sommaire du fonctionnement de leur ensemble.

La machine locomobile, immobilisée, pendant toute la durée des opérations, sur un point du champ à cultiver convenablement choisi, commande alternativement chacun de deux tambours juxta-posés, indépendants et placés sur un même arbre horizontal d'un cabestan ou treuil locomobile qui reste aussi fixé à ses côtés. Sur chacun de ces tambours s'enroule et se déroule alternativement, suivant les besoins, un câble métallique d'une longueur de 600 mètres, attaché, par l'une de ses extrémités, à l'un desdits tambours, et par l'autre à l'appareil choisi pour cultiver le sol, toujours placé, au début du travail, de manière à parcourir le sillon le plus éloigné de l'emplacement de la force motrice. L'appareil destiné à façonner le champ se trouve ainsi inséré au milieu d'un câble de 1200 mètres de développement, dont les extrémités sont fixées sur chacun des tambours juxta-posés sur le treuil, et encadrant le champ à cultiver, en épousant au besoin, à l'aide de poulies mobiles, à bras d'homme, toutes ses formes irrégulières.

Il devient facile de concevoir, dès lors, comment la machine peut donner à l'outil un mouvement de va-et-vient entre deux poulies mobiles, placées chacune en regard à l'extrémité d'un même sillon. Quand l'un des tambours, par un simple mouvement de levier, est mis en rapport avec l'arbre moteur, il devient enrouleur de son propre câble; par suite, il entraîne en même temps l'outil cultivant le sol et le second câble qui, se dévidant du second tambour libre de tourner autour du même axe, accompagne l'appareil dans sa marche vers l'extrémité du sillon qu'il trace. Lorsque l'outil est arrivé à l'extrémité de ce sillon, par un double mouvement de levier opéré par l'agent préposé à l'enroulage des câbles, le tambour qui était en rapport avec l'arbre moteur cesse d'être commandé par lui, pour devenir à son tour libre dans ses mouvements autour de l'axe commun ; le tambour porteur du câble qui, précédemment, suivait l'outil, est mis à son tour en rapport avec la force motrice, devient enrouleur de son propre câble qu'il venait de laisser se dérouler ; dès lors, il entraîne la machine-outil en sens inverse de la voie qu'il suivait, ainsi que le câble de l'autre tambour qui, après avoir été câble de traction antérieurement, est devenu maintenant câble dit d'accompagnement ou de suite.

Toutefois, pour éviter que l'appareil cultivant le sol passe deux fois de suite sur le même emplacement, les poulies mobiles, dans les gorges desquelles passe le câble métallique à l'extrémité du sillon qui vient d'être cultivé, sont alternativement déplacées, à bras d'homme, de la distance reconnue nécessaire et suffisante, en se reployant successivement sur la force motrice, auprès de laquelle tous les engins se trouvent réunis vers la fin de l'opération, se prêtant ainsi à un prompt déplacement de l'ensemble des appareils.

Revenons maintenant à la description des organes principaux :

1° La force motrice est une locomobile à deux cylindres de 0ᵐ,18 de diamètre et 0ᵐ,30 de course, sortant des ateliers de Garrett et fils, de Suffolk, un des meilleurs constructeurs de l'Angleterre ; la puissance vaporisatrice de la chaudière tubulaire permet d'obtenir facilement de 12 à 15 chevaux-vapeur de cette locomobile, vendue comme machine de la force de 10 chevaux. Le Jury, n'ayant pas les appareils nécessaires pour déterminer directement, à l'aide du frein, la force utile de cette machine, a dû se livrer à un calcul théorique basé sur le nombre de tours de l'arbre moteur en une seconde, les dimensions des cylindres rappelées plus haut et la pression dans la chaudière fournie par un manomètre gradué d'après les usages anglais. Un des membres du jury a constaté, comme moyenne d'observation, pendant la marche très-régulière et très-rapide des appareils, que le nombre des révolutions de l'arbre moteur de cette locomobile était au minimum de 140 tours en 1 minute, soit de 2 tours,33 en 1 seconde ; que la pression de la vapeur dans la chaudière était d'environ 70 livres anglaises par pouce carré anglais, correspondant à une tension de la vapeur de

4 atmosphères 50, c'est-à-dire d'environ 4 kilogr. 50 par centimètre carré.

La tension de la vapeur dans la chaudière étant en moyenne de 4 atmosphères 50, la pression dans les cylindres ne saurait être moindre que 4 atmosphères dans une machine aussi bien établie; malgré la contre-pression due à la grande vitesse de marche pendant la simple condensation de la vapeur dans l'air, on ne saurait estimer à moins de 2 atmosphères 50 la tension effective et motrice de la vapeur sur les pistons, soit environ de $2^k,50$ par centimètre carré de chacun des pistons d'une surface de 254 centimètres carrés. La force motrice de chacun des pistons était donc de 635 kilog. En une seconde, le chemin parcouru par chacun des pistons étant de $2,33 \times 0,60 = 1^m,39$, on aura, pour le travail moteur de la locomobile à deux cylindres en question, $635 \times 1,39 \times 2 = 1765,30$ kilogrammes. Pour passer du travail moteur au travail utile d'une machine bien construite et de cette puissance, on ne saurait appliquer un coefficient inférieur à 0,50. On obtient donc, pour le travail utile de ladite locomobile, $1765 \times 0,50 = 882,50$, qui, divisé par 75, donne 11 chevaux-vapeur 76, soit environ 12 chevaux comme puissance réelle de la locomobile présentée par M. Howard, travaillant dans les conditions de vitesse de marche constatée à Roanne, c'est-à-dire avec une vitesse d'environ $1^m,40$ par seconde, pour les pistons-vapeur.

Cette machine était sans détente : pour rendre une pareille locomobile économiquement utilisable dans les travaux intérieurs de ferme réclamant ordinairement une force de 4 à 5 chevaux, il nous paraîtrait utile de lui adapter un système de détente variable. Une poulie-volant était appliquée à l'extrémité de l'arbre moteur. Cette poulie-volant permet de transmettre le mouvement, par courroies, à d'autres appareils que ceux de la culture à vapeur et contribue à régulariser la marche de la machine, quoiqu'avec deux cylindres, le passage des points morts ne soit pas à redouter comme dans le cas d'un seul cylindre à vapeur. Cette machine était d'un mon-

tage et d'un ajustage parfaits, les roues de l'essieu d'arrière étaient
reliées à celles du même côté de l'essieu de devant à l'aide d'un
cadre en bois manœuvré à la main par une vis de manière à
rendre le tout solidaire, lorsque la machine arrivée à son emplacement de travail, devait devenir machine fixe pendant les opérations de culture. Par ce procédé très-simple, MM. Howard ont sup-
primé les vibrations de la machine pendant la marche, vibrations
qui, non-seulement sont une perte de force, mais faisant osciller
continuellement le niveau de l'eau dans la chaudière, sont nuisi-
bles à une bonne marche de la vaporisation et à l'assèchement de
la vapeur avant son entrée dans les cylindres.

2° Le treuil ou cabestan se compose de deux châssis en fonte
verticaux et triangulaires, portant deux arbres horizontaux : l'un
d'eux placé à son sommet est constamment en rapport avec l'arbre
moteur de la locomobile ; cet arbre supérieur porte deux pignons
en fonte placés à l'aplomb d'engrenages disposés à la circonférence de deux tambours indépendants, juxta-posés, portés tous
deux par le second arbre horizontal placé au dessous du premier
et qui, lui-même prolongé, est monté sur deux roues ordinaires,
rendant le tout locomobile à l'aide de brancards. Ces brancards
fonctionnent à l'instar d'un affût de pièce d'artillerie pendant toute
la durée du travail et contribuent à assurer une assiette convenable à l'ensemble du treuil. L'ouverture circulaire placée au
centre de chacun des tambours est sensiblement plus grande que
le diamètre de l'arbre horizontal du treuil sur lequel il repose ;
à l'aide de deux leviers placés, chacun latéralement aux châssis
de support et terminés par des excentriques annulaires envelop-
pant l'arbre du treuil et mobiles autour de lui, grâce à l'évidement
dont nous venons de parler, l'agent préposé à l'enroulage des câbles peut hausser ou baisser à sa volonté et instantanément les
engrenages placés à la circonférence des joues extérieures des
tambours et par suite les faire embrayer ou désembrayer avec les
pignons de l'arbre moteur. Ce même ouvrier peut donc transformer
rapidement à l'extrémité de chaque tournée de l'appareil cultivant

le sol, le tambour enrouleur en tambour dérouleur, et réciproquement; de plus il peut au besoin, instantanément, interrompre
la transmission de l'action de la force motrice même continuant
à marcher.

Chacun des tambours, lorsqu'il passe du rôle actif d'enrouleur au rôle passif de dérouleur, tombe naturellement, par
la partie concave et circulaire de sa jante, sur un coussinet en
bois encastré dans chacune des joues verticales du châssis en fonte
formant le cadre du treuil; le poids de ce tambour chargé de
son câble, occasionne pendant la marche un frottement dans le
but de servir de frein régulateur du déroulement du câble de
suite. Pour régulariser le mouvement de ce câble, aussi bien que
pour faciliter à l'agent préposé au service du treuil, le bon
ordre dans l'enroulement du câble moteur sur la circonférence
du tambour de traction, MM. Howard ont placé en avant du
treuil, à une distance moyenne de 6 à 8 mètres, un cadre rectangulaire en charpente fixé sur le sol, par 4 pieux placés à chaque
angle et énergiquement enfoncés dans la terre. Ce cadre porte
d'abord 2 poulies horizontales, directrices dans les gorges desquelles les câbles métalliques viennent passer, l'un pour venir s'en-
rouler sur le tambour moteur, l'autre après s'être déroulé du
tambour du câble d'accompagnement, pour aller suivre l'appareil
façonnant le sol. Une troisième poulie horizontale, conservant un
certain jeu autour de son axe vertical de rotation, est placée inter-
médiairement entre les deux précédentes de manière à maintenir constamment engagés dans sa gorge avec une légère dévia-
tion horizontale les deux câbles de traction et de suite. Il résulte
de cet agencement des trois poulies: 1° que les deux câbles sont
bien maintenus dans les deux poulies directrices; 2° que le
câble moteur par sa pression sur la troisième poulie, grâce au
jeu laissé à son centre de rotation, détermine une pression de la
gorge de cette poulie sur le câble de suite, pression qui, s'ajou-
tant à l'action du frein en bois dont nous avons parlé plus haut,
régularise l'enroulement de ce câble. 3° Enfin, l'agent préposé à

l'enroulage du câble autour du tambour moteur peut, sans la moindre fatigue, assurer un enroulement régulier, éviter les mous et les coques qui auraient le double inconvénient d'entraîner sous la pression l'altération de la forme des câbles, surtout s'ils sont en fils de fer et non en fils d'acier, et de rendre l'opération du déroulement toujours plus difficile, souvent même impossible.

3º Les câbles métalliques de 0^m,014 de diamètre fabriqués et employés par MM. Howard sont composés de 4 torons de 6 fils d'acier de 0^m,002 de diamètre, soit en totalité de 24 fils d'acier. L'acier quoique plus dispendieux, sous le même poids est préférable au fer, surtout au point de vue de la résistance à l'usure et de la conservation de la forme du câble; la section peut être légèrement diminuée en raison de la plus grande résistance par millimètre carré que l'on peut faire supporter à l'acier.

Toutefois ce dernier point de vue est controversable, car dans le cas de choc qui est un des cas le plus à redouter, la résistance par millimètre carré au point de vue du coefficient de rupture est moindre pour l'acier que pour le fer. Nous pensons qu'il serait très-utile, au point de vue de la conservation des câbles en acier, de placer un ressort à boudin d'une force suffisante entre l'extrémité des câbles et leur point d'attache à l'instrument de culture, l'effet fâcheux des chocs serait ainsi amoindri.

4º Quant à l'ensemble des engins mobiles, destinés à tenir les câbles métalliques éloignés du sol, il sera facile d'en comprendre l'utilité quand on saura qu'au dynamomètre, lors des expériences qui ont eu lieu à Leeds en 1861, M. Amos, ingénieur-consultant de la Société Royale d'Agriculture en Angleterre, a constaté en présence d'un de nous, que la traction, à la même vitesse ordinaire, d'un câble métallique glissant sur le sol, était plus de neuf fois plus considérable que celle du même câble isolé du sol, et portant constamment sur les porteurs de MM. Howard. (Le frottement de roulement étant substitué pour le même poids du câble au frottement de glissement, ce résultat n'a pas lieu de surprendre les mécaniciens). Une partie de ces porteurs, destinés à rester immobiles pendant la durée de leur fonctionnement, sont composés d'un cylindre en tôle, libre autour d'un axe horizontal porté par deux légères armatures, en fer cornière, placées à ses deux extrémités, armatures reposant sur le sol et entretoisées entre elles par des tringles en fer. Quant aux autres porteurs, placés entre les poulies mobiles sur le chemin parcouru par l'instrument aratoire, il importe qu'ils ne soient pas renversés par le câble, lors de son fouettement horizontal accompagnant inévitablement le déplacement alternatif des poulies mobiles placées aux extrémités des sillons; renversement d'autant plus à redouter que les sillons sont plus courts. Pour remédier à ces inconvénients, MM. Howard ont monté sur trois roues dont les essieux sont parallèles au câble en marche, un châssis portant un galet vertical dans la gorge duquel le câble peut entrer ou sortir facilement à la discrétion des enfants qui précèdent ou suivent l'appareil-outil pendant toute la durée du travail. Quant aux poulies mobiles manœuvrées par les hommes placés aux extrémités des sillons, elles sont d'une manœuvre très-simple et prennent leur point d'appui dans le sol à l'aide d'ancres marines qui, par le fait même de la traction, tendent à s'enfoncer de plus en plus dans le sous-sol. La seule attention de l'homme chargé de la manœuvre d'une pareille poulie consiste à placer son support horizontal rectangulaire, de manière que son axe soit dirigé suivant la ligne qui divisera en deux parties égales l'angle qui sera formé par le câble, lorsque la poulie fonctionnera. Sans cette attention, la poulie, tendant à se placer dans cette position indiquée par les lois élémentaires de la statistique, serait exposée à se déverser.

Comme instruments aratoires, MM. Howard n'avaient amené à Roanne qu'une charrue à trois socs pour labours ordinaires, une charrue à un seul soc pour labours profonds, et enfin, un cultivateur-scarificateur très-énergique. Nous regrettons que ces constructeurs n'aient pas amené leurs herses accouplées, dont le ser-

vice depuis quatre années consécutives donne en France toute
satisfaction à l'un de nous.

La charrue à trois socs de MM. Howard est double et symé-
trique, par rapport à un axe horizontal de figure qui toutefois
n'est pas un axe de rotation comme dans la charrue Fowler. Les
armatures en fer auxquelles sont attachés les socs s'entrecroisant
à leurs extrémités intérieures, il en résulte un double avantage :
le premier, de plus grande stabilité générale dans la marche de
l'appareil labourant, par suite de la diminution du bras de levier
par rapport à l'axe de figure du centre de gravité du corps de
charrue ne travaillant pas et maintenue hors du sol; le second,
en un moindre espace laissé sans être labouré à l'extrémité de
chaque sillon, par suite de la plus grande concentration des organes
de l'appareil. L'ensemble du cadre de la charrue est porté sur
trois roues par l'intermédiaire d'un système de tiges à vis permettant au laboureur de faire varier, suivant les besoins, la profondeur du labour. Un support à roulettes, placé à l'arrière des
socs et roulant sur le sol non labouré, ainsi que le câble de suite
mis sur un crochet placé aussi à l'arrière de l'appareil, servent à
maintenir en terre et à une profondeur constante le corps des
trois socs en travail, dans le cas de rencontre de pierres pouvant
tendre soit à faire pénétrer trop avant, soit à faire sortir de terre,
les socs engagés dans le sol. Le laboureur, assis à l'aplomb des
socs, peut, à l'aide d'un levier agissant sur la direction des roues,
modifier la marche de la charrue dans le plan horizontal. Cette
charrue à trois socs est usitée pour les labours ordinaires variables
en profondeur de $0^m,10$ à $0^m,25$.

La charrue à labours profonds, amenée par MM. Howard, ne
différait pas de la précédente quant à l'ordonnancement général,
seulement le soc et le versoir étaient plus puissants et correspon-
daient à un labour de $0^m,30$ à $0^m,40$ de profondeur. En Angleterre,
les labours profonds au-delà de $0^m,25$, ne sont pas usités, mais
MM. Howard ont construit le modèle qu'ils ont amené à Roanne,

sur la demande de M. le comte de Beaulieu qui le leur avait demandé en 1862, pour les besoins de son exploitation en Belgique.

Le cultivateur de MM. Howard, est composé d'un châssis horizontal en fer, porté sur quatre roues par l'intermédiaire de quatre essieux coudés verticalement, sur lesquels le châssis peut glisser et se fixer à des hauteurs variables, à l'aide de vis de pression manœuvrées par l'agent préposé au service de cet appareil. A la membrure du châssis horizontal du cultivateur sont attachées des tiges en fer très-résistantes, ou des supports en fonte malléable, à l'extrémité desquels sont placés des socs de différentes formes destinés à travailler le sol. Le nombre de ces tiges ou supports varie de un à cinq suivant la profondeur du travail et la nature de la résistance du sol. Tel système de socs convient mieux à une opération de déchaumage, tel autre à une opération soit de défoncement, soit de pulvérisation et mélange des couches arables. Ces socs sont en fonte blanche dite fonte en coquilles; cette fonte est très-dure et résiste mieux à l'usure que la fonte grise. Ces tiges ou supports, étant appelés à travailler alternativement dans deux sens opposés, sont terminés par des extrémités bifurquées recevant des socs identiques, placés symétriquement, devant travailler, l'un, lorsque le cultivateur doit parcourir le sillon dans un sens, et l'autre seulement lorsqu'il reviendra dans le sens opposé. De plus, ces tiges ou supports sont reliés au châssis par un mode d'assemblage facile à régler, suivant les convenances, à l'aide de vis horizontales de pression, qui leur permettent de s'incliner légèrement dans le sens même de la marche de l'appareil; ce qui a le double résultat de faire mieux pénétrer les socs antérieurs dans le sol à façonner, et de lever un peu le nez des socs postérieurs, en vue de mieux mélanger les couches ayant subi l'action des socs antérieurs.

Le personnel réclamé par les appareils de MM. Howard, comporte :

1° Un mécanicien pour la force motrice ; 2° Quatre hommes dont un à l'enroulage des câbles, deux pour la manœuvre des poulies mobiles placées en regard à l'extrémité de chaque sillon, et un quatrième monté sur l'appareil-outil ; 3° Deux enfants de 12 à 15 ans, l'un précédant, l'autre suivant l'appareil façonnant le sol, pour la manœuvre des supports de câbles ; 4° Un enfant de 15 ans et un âne utilisés pour l'alimentation de la machine en eau et en combustible.

Tels sont les détails descriptifs dans lesquels nous avons cru devoir entrer, ils paraîtront trop minutieux peut-être à ceux de nos lecteurs déjà familiarisés avec les divers engins de culture à vapeur, mais ils nous ont paru indispensables pour ceux d'entre eux, en plus grand nombre, à qui ces appareils sont encore inconnus.

Appareils de M. le marquis de PONCINS, de Valeille (Loire).

Comme dans les appareils de MM. Howard frères, la force motrice reste immobile pendant toute la durée du travail ; elle commande également un système de tambours enrouleurs et dérouleurs qui, alternativement, donnent à la machine-outil un mouvement de va-et-vient à l'aide de cables métalliques encadrant le champ à cultiver. Nous devrons donc nous contenter de signaler les caractères non généraux, mais de détail, qui différencient les appareils de M. le marquis de Poncins de ceux de MM. Howard.

La locomobile de M. le marquis de Poncins est à deux cylindres ayant chacun $0^m,22$ de diamètre et $0^m,36$ de course. La puissance vaporisatrice de cette locomobile étant insuffisante pour l'alimentation en vapeur à une tension convenable des cylindres avec une vitesse de 140 tours de l'arbre moteur par minute, une chaudière locomobile était annexée à celle de la locomobile elle-même et doublait ainsi la quantité de vapeur à une tension de 7 atmosphères mise à la disposition de la force motrice. La conduite amenant la vapeur de la seconde chaudière dans celle de la locomobile n'étant pas enveloppée d'un corps mauvais conducteur tel que le feutre, par exemple, il devait en résulter un refroidissement, et, par suite, une certaine diminution dans la tension de la vapeur ; nous n'estimons qu'à 6 atmosphères la tension de la vapeur introduite dans les cylindres, et par suite à environ 4 atmosphères utiles celle agissant sur la surface des pistons, en raison de la condensation atmosphérique et des contrepressions inévitables à une semblable vitesse, contrepressions que nous portons à un coefficient plus élevé que pour la machine de Garrett présentée par MM. Howard. En effet, la tension de la vapeur étant plus élevée dans la locomobile de M. de Poncins, les condensations de vapeur ont dû être plus fortes, et par suite les contrepressions d'autant plus sensibles que la vitesse des pistons-vapeur était plus grande et que les purgeurs n'ont pas été manœuvrés assez fréquemment. Tenant compte des dimensions des cylindres ci-dessus énoncées, de la pression utile de 4 atmosphères au lieu de 2 atmosphères et demie sur la surface des pistons, le nombre des coups de pistons, par seconde, étant le même, mais la vitesse des pistons à vapeur et leur section étant du cinquième plus grande, il résulterait de calculs analogues à ceux que nous avons présentés précédemment, que la locomobile amenée à Roanne, par M. le marquis de Poncins, ne saurait être estimée avoir fourni moins de 25 chevaux dans les conditions de marche constatées pendant les expériences.

Cette locomobile, quoique moins soignée d'exécution que celle de Garrett, était cependant convenablement construite. Un fait important à signaler, c'est que cette locomobile était en même temps locomotive, c'est-à-dire qu'elle pouvait non-seulement se déplacer elle-même à l'aide d'un arbre intermédiaire commandé par les cylindres et commandant lui-même les roues portantes de la machine, mais aussi elle pouvait traîner en même temps la plus forte partie des appareils de culture à vapeur, entre autres un wagon couvert pouvant servir au personnel de logement la nuit, et de cuisine le jour ; pendant le déplacement d'une contrée à une autre, un rangement convenable des lits et des appareils de cuisine permettent de loger dans ce wagon une forge volante destinée aux réparations pouvant résulter d'accidents pendant les travaux.

Le système des tambours alternativement enrouleurs et dérouleurs des câbles métalliques est accollé à la machine locomobile derrière la boîte à fumée ; par suite, il est toujours prêt à fonctionner dès que la machine est dans son emplacement de travail.

Les câbles métalliques de M. de Poncins sont en fil de fer et non en fil d'acier ; leur diamètre est de 0^m,03 environ, et ils sont confectionnés comme ceux usités dans les exploitations de mines. Les porteurs de câbles sont très-ingénieusement combinés ; le double châssis en tôle reposant sur le sol est disposé sous forme circulaire de manière à obéir aux tendances de déplacement horizontal du câble qui, placé dans un vide ménagé au milieu des châssis, porte dans toutes ses positions sur des rouleaux mobiles sur leur axe.

Il nous paraîtrait utile de donner aux châssis circulaires en tôle un plus grand diamètre en vue de tenir le câble plus éloigné du sol sur lequel il traîne trop souvent surtout quand il est câble d'accompagnement. Les rouleaux ménagés aux abords de l'évidement central par lequel passe le câble devraient être un peu plus saillants sur les faces des châssis circulaires pour rester constamment en service, quelle que soit la forme irrégulière du sol sur lequel se trouvent placés les porteurs.

Les poulies mobiles et leurs ancres diffèrent peu des appareils analogues de MM. Howard, si ce n'est par l'accroissement de certaines dimensions dans leurs membrures, en rapport avec les efforts plus considérables auxquels elles doivent être soumises dans les travaux de défoncements profonds de sols pierreux comme ceux que cultive M. le marquis de Poncins. Nous avons seulement remarqué que l'arcature des ancres pourrait être facilement et heureusement modifiée, de manière que la tension du câble les fit naturellement pénétrer de plus en plus dans le sous-sol pour y trouver un point d'appui en rapport avec la résistance à vaincre. Une pareille modification permettrait d'éviter le travail préparatoire consistant à creuser des trous dans lesquels sont placées des tiges de fer auxquelles les poulies, par des chaînes et des anneaux, viennent se rattacher.

L'appareil de culture, proprement dit, consiste en un cadre allongé, en fer, d'une longueur de 10m,50, supporté par quatre roues de 2 mètres de diamètre. A ce cadre sont rattachés, suivant les besoins, trois socs de charrue ou des dents de scarificateur ou de défonceuse. A l'avant et à l'arrière de cet appareil sont fixés des appendices disposés, celui placé en avant, pour recueillir automatiquement les porteurs de câbles qu'un enfant de douze à quinze ans, assis sur celui en arrière de la machine, avait répartis régulièrement sur le trajet du dernier sillon. Ces dispositions sont heureusement combinées et ne comportent que l'intervention d'un enfant de douze à quinze ans restant constamment à bord de la machine-outil, passant seulement d'une extrémité à l'autre de l'appareil à la fin de chaque sillon. Toutefois ces porteurs de câbles ont l'inconvénient de laisser le câble trop rapproché du sol, l'augmentation de leurs dimensions sera un remède suffisant.

Le personnel exigé pour la manœuvre des appareils de M. le marquis de Poncins comporte : 1° un mécanicien; 2° un chauffeur; 3° quatre hommes dont l'un à l'enroulage, deux aux poulies mobiles à l'extrémité de chaque sillon, enfin un à bord de la machine-outil; 4° un enfant de douze à quinze ans pour la distribution des porteurs; 5° un homme et un cheval pour répondre aux besoins alimentaires de la machine en eau et en combustible; besoins au moins doubles en importance de ceux exigés par la locomobile Garrett.

Appareils de M. GANNERON, de Paris.

La force motrice est une locomobile à deux cylindres, non-seulement automotrice, mais aussi locomotive, menant à travers le champ à cultiver son appareil-outil fixé à son arrière. Nous n'entrerons pas dans des détails concernant la puissance de cette locomobile que M. Tresca, l'habile sous-directeur des Arts-et-Métiers, a constaté être de 15 chevaux. L'alimentation de la chaudière s'effectue à l'aide de l'appareil Giffard, dont le mécanisme nous a paru trop délicat pour ne pas se détraquer trop facilement sous l'influence des ébranlements de toute nature auxquels est inévitablement soumise cette locomotive pendant la durée des opérations. L'arbre moteur, à l'aide de chaînes dites de Galle, commande un arbre coudé sur lequel est monté un système de pioches articulées constituant l'outil cultivant le sol. Ce système se compose de cinq bras armés chacun de quatre pioches articulées deux à deux et échelonnées, faisant, pendant le travail, avec le bras qui les porte, un angle de 72°, et attaquant le sol à cultiver sur une largeur de 1^m,80. Chacun des bras est mis en mouvement à l'aide des manivelles formées par l'arbre coudé qui est libre de se mouvoir dans une rainure verticale lors d'une résistance du sol trop forte pour être vaincue par la force motrice de l'appareil. Enfin le mécanicien peut, sans déplacement, modifier la position de l'essieu de l'avant de la machine par rapport à l'essieu d'arrière, et, par suite, faire évoluer la locomotive suivant les besoins du service. Le poids total de cet appareil est d'environ 8,000 kilos d'après les renseignements fournis par M. Ganneron et extraits d'une facture de transport par chemin de fer.

Le personnel nécessaire pour la manœuvre de l'appareil de M. Ganneron est le suivant : un mécanicien, un chauffeur, un homme à la manœuvre des pioches, un autre homme avec un cheval assure l'alimentation de la machine en eau et en charbon.

DEUXIÈME PARTIE

—

Après avoir décrit les appareils présentés par MM. Howard frères, de Poncins et Ganneron, nous devons faire connaître les résultats des épreuves auxquelles le Jury les a soumis pour constater leur valeur absolue et relative tant au point de vue de la qualité que du prix de revient des travaux exécutés.

Le rôle du Jury en présence de ces trois compétiteurs était tout tracé ; il devait d'abord leur demander de prouver que leurs appareils pouvaient exécuter, aussi bien et a moins de frais que les appareils ordinairement usités en agriculture, les divers travaux de culture, tels que : labours ordinaires, labours profonds, scarifiages superficiels et profonds qui comprennent les 9 dixièmes des travaux agricoles ; ensuite de montrer qu'ils pouvaient opérer, avec réduction sensible dans les dépenses, certains travaux de défoncement qui dans beaucoup de circonstances culturales pourraient avoir une grande portée.

MM. Howard frères seuls offraient des appareils répondant à tous ces besoins que nous venons d'énumérer. Avec leur charrue à un seul soc ils pouvaient labourer à une profondeur de plus de $0^m,30$; avec leur charrue à trois socs ils pouvaient effectuer les labours légers et les labours ordinaires jusqu'à des profondeurs de $0^m,25$ environ, leur cultivateur, armé de plus ou moins de socs de formes choisies en raison du but à atteindre, pouvait exécuter des scarifiages soit superficiels soit profonds.

M. le marquis de Poncins n'avait pas de charrue monosoc pouvant exécuter des labours proprement dits de défoncement ; il pouvait exécuter les travaux de labours légers et ordinaires, de scarifiage légers ou profonds, mais c'est surtout au point de vue

des travaux de défoncement de sous-sols tenaces que ces appareils
ont été combinés et peuvent donner des résultats satisfaisants.

Quant à M. Ganneron il était évident, dès la première vue, que
sa machine ne pouvait entrer en lutte, sur le champ de Concours,
que pour l'exécution de travaux de défoncement, de pulvérisation
à une certaine profondeur d'un sol naturellement compact analogue à celui d'un défrichement.

Dans toutes les opérations dont nous allons rendre compte, les
forces motrices ayant conservé sensiblement l'allure de vitesse pour
les pistons à vapeur signalée dans le chapitre précédent, il a été
possible au Jury d'adopter rationnellement la marche suivante :
1° calculer les dépenses occasionnées par une journée de travail de
dix heures pour le fonctionnement des appareils ; 2° constater par
des expériences directes pour chaque appareil la surface cultivée
dans les mêmes conditions de façon du sol et de profondeur pour
un même temps donné ; 3° d'après ces résultats, obtenir le prix de
revient par hectare pour chaque appareil et pour chaque nature
de façon, prix de revient appelé à servir de critérium dans le classement de leur mérite respectif en tenant compte toutefois de la
qualité des travaux exécutés.

Ceci posé, faisons connaître pour chacun des concurrents les
résultats des expériences.

Appareils de **MM. HOWARD** frères.

1° — *Labour profond de 0m,32, dans un sol argilo-siliceux dont le sous-sol
était un conglomérat composé de pierres empatées dans un tuf ferrugineux.*

Il y a lieu de juger ce travail à un point de vue mécanique et
non cultural, car il est évident que cette nature de sous-sol ne
comportait pas un travail de labourage proprement dit, devant
amener à la surface un terrain aussi ingrat. Un travail de défoncement eût été seul rationnel : ne disposant pas, dans la contrée,

de terrain où le sous-sol fût de nature à comporter, culturalement parlant, un labour profond, le Jury dut se servir de celui, mis à sa disposition, qui lui permettait de se former une opinion sur la qualité et la quantité de travail des appareils et sur leurs conditions de solidité.

Le monosoc de MM. Howard frères travaillant à une profondeur de $0^m,32$, ouvrant une bande de $0^m,30$, a parcouru un enrayage de 260 mètres de longueur, aller et retour, c'est-à-dire 520 mètres en un temps moyen de 6 minutes, y compris la durée des tournées à l'extrémité des sillons. La vitesse moyenne de marche était donc de $86^m,6$ par minute, soit de $1^m,44$ par seconde. Par suite, la surface labourée en 6 minutes étant de $520 \times 0^m,30$ ou 156 mètres carrés, sera de 1560 mètres carrés pour une heure, et, par conséquent, de 1 hectare 56 en 10 heures de travail, soit 1 hectare 50.

Le travail a été très-satisfaisant, la bande parfaitement retournée, le fonds du labour très-net.

Dépenses des appareils de MM. Howard frères, pendant 10 heures de travail.

1° 1 mécanicien à 4 francs.	4	»
2° 4 ouvriers à $2^f,50$.	10	»
3° 2 garçons de 12 à 15 ans à $1^f,50$	3	»
4° 1 garçon de 12 à 15 ans, 1 âne, 1 tonneau, 1 pompe.	4	»
5° 400 kilogrammes de charbon à $0^f,03$.	12	»
6° Huile, graisse	1	50
7° Entretien, intérêts et amortissement du matériel complet, coûtant 16000 francs[1], à 20 p. 100 par		

---

[1] Détail des 16,000 francs portés pour coût du matériel de MM. Howard frères.

1° Machine	8,000 francs.
2° Appareil complet, sauf charrue et herse.	5,500
3° Charrue à 3 socs	1,250
4° Herse.	500
5° Droits de douane et de transport, faux frais.	750
Total.	16,000

an, soit 3200 francs, répartis sur 200 jours de
travail, donne par jour . . . . : 16 »

8° Frais de déplacement des appareils, en moyenne,
10 francs, répartis sur 4 jours de travail, donne
par jour 2 50

Total. . . . 53 »

Soit 53 francs.

Le labour d'un hectare à 0^m,32 de profondeur aurait donc
coûté $\frac{53}{1,5}$, soit 35^f,33.

*2° — Labour ordinaire avec la charrue trisoc à une profondeur de 0^m,19,
dans un sol analogue au précédent, toutefois un peu moins compact dans sa
couche supérieure qui avait reçu antérieurement une façon superficielle de
0^m,06 à 0^m,08 d'épaisseur.*

La longueur de l'enrayure était de 150 mètres, et en 27 minutes
la largeur labourée a été de 11^m,40 : ce qui donne, pour surface
labourée, pour 27 minutes (150 × 11^m,40) 1,710 mètres carrés ;
soit, pour une heure, 3799^{mc}.8, et, pour 10 heures, 3 hectares 79.

La dépense par hectare labouré à 0^m,19 de profondeur a donc été
de $\frac{53}{3,79}$ 13^f88, soit environ de 14 francs.

Le travail était très-bon, le fonds du labour uniformément
coupé, les tournées aux extrémités des sillons étaient de 7 mètres.

3° Scarifiage à une profondeur de 0^m,20 dans le sol ci-dessus défini.

Le cultivateur était armé de trois dents chaussées de socs coupant chacun sur une largeur de 0^m,30 et porteurs de deux languettes mobiles dans un plan vertical placées symétriquement par
rapport à chacune desdites dents. Le sol se trouvait ainsi coupé
sur une largeur de 0^m,90 et pulvérisé par les 6 languettes en sail-

lic sur le plan des socs et tournant alternativement, à chaque extrémité de sillon, autour de leur axe horizontal, noyé dans les socs eux-mêmes.

L'enrayure, d'une longueur de 150 mètres était parcourue, en moyenne, pour l'aller et le retour, en 4 minutes, y compris le temps nécessaire pour les changements de direction; de là une surface scarifiée en 4 minutes, de $300 \times 0^m,90$, soit 270 mètres carrés.

en 1 minute, de $\dfrac{270}{4}$, soit $67^{mc},50$;

en 1 heure, de $67^{mc},50 \times 60$, soit 4050 mètres carrés,

en 10 heures, de 4050×10, soit 40500 mètres carrés,

soit environ 4 hectares.

Le prix de revient de 1 hectare de pareil scarifiage, à $0^m.20$ de profondeur, ne laissant rien à désirer comme pulvérisation et mélange des sols, laissant à la surface du terrain les herbes détruites, le fonds du sol régulièrement coupé, a donc été de $\dfrac{53}{4}$, soit de $13^f,25$.

4° *Scarifiage à une profondeur de* $0,^m33$.

On avait substitué aux socs armés latéralement de languettes mobiles des socs moins larges qui ne coupaient plus le sol continûment. Le nombre des dents est resté de trois, et le travail a été aussi rapidement exécuté que le comportait une enrayure de 35 mètres de longueur seulement. En effet, quelque rapide que soit l'évolution du changement de direction à l'extrémité de chaque sillon (elle était en moyenne de 20 secondes), la vitesse, en marche proprement dite, étant en moyenne de $1^m,50$ par seconde, il en résulte que, pour une enrayure de 35 mètres, comme celle dont il s'agit, le cultivateur ne travaillait que la moitié du temps.

Le cultivateur de MM. Howard a travaillé pendant une heure, en scarifiant à cette profondeur de $0^m,33$: la largeur scarifiée a été de 56 mètres sur 35 mètres, soit 1960^{mc}.; elle eut donc été en dix heures de travail, de 1^{hect}. 96; ce qui porte le prix de revient du scarifiage d'un hectare à cette profondeur et dans des conditions d'une enrayure si courte à $\dfrac{53}{1,96}$ soit à 27 fr.

Le fonds du scarifiage n'était pas aussi satisfaisant que dans la précédente opération; il eût été plus convenable d'adopter des socs plus larges, dût-on même ne plus faire travailler le cultivateur qu'avec 2 dents, dans ce cas la dépense eût été augmentée de 1/3 et aurait été environ de 36 fr. par hectare, toujours dans des conditions d'une enrayure aussi courte.

Quant à un travail plus profond, il a été impossible à MM. Howard frères de l'entreprendre; ils nous ont dit que les tiges et les socs en harmonie avec la résistance d'un pareil travail, avaient été expédiés par eux de Bedford, mais avaient été égarés pendant le trajet.

Appareils de M. le marquis DE PONCINS.

Quant aux labours profonds, M. de Poncins n'a pas présenté de charrue permettant de les entreprendre.

Labour ordinaire à une profondeur de 0^m,19.

La charrue tri-socs, pendant 29 minutes, a labouré un champ analogue à celui labouré par les appareils de MM. Howard. L'enrayure était de 133 mètres de longueur; la largeur labourée ayant été de 6^m,80, la surface totale labourée à une profondeur de 0^m,19, après 27 minutes de travail, a donc été de $133 \times 6,8$ soit 904 mètres carrés, ce qui pour 10 heures de travail correspond à environ deux hectares.

Pour connaître le prix de revient de l'hectare labouré à cette profondeur, il suffira de savoir quelle est la dépense occasionnée

par les appareils de M. de Poncins après une journée de travail
de 10 heures : ces dépenses sont les suivantes :

1° 2 mécaniciens-chauffeurs à 4f,00 soit. . . . . 8 »

2° 4 ouvriers à 2f,50. . . . . 10 »

3° 1 garçon de 12 à 15 ans, 1f,50. . . . . . 1 50

4° 1 homme, un cheval, un tonneau mobile, une
pompe 6 50

5° 800 kilos de charbons à 0f,03. . . . . . 24 »

6° huile, graisse 1f,50. . . . . 1 50

7° entretien, intérêts et amortissement de l'ensemble
des appareils estimés 25000f,00, soit 20 p. 100
par an, 5000f,00, qui, répartis sur 200 jours
de travail, donnent de charge par jour . . . 25 »

8° Frais de déplacement, environ 20f,00, qui, répartis
sur 5 jours, donnent par jour. . . . . . 4 »

$$\overline{}$$
80 50

La dépense par hectare labouré à 0m,19 de profondeur, par
les appareils de M. de Poncins, peut donc être évaluée à 80f,50
divisée par 2, soit à 40f,25.

Le travail était satisfaisant, au point de vue de la qualité, quoique toutefois moins régulier que celui exécuté par MM. Howard
frères, les tournées à l'extrémité des sillons étaient de 12 mètres.

Scarifiage ordinaire à 0m,20 de profondeur.

Ce travail a été exécuté dans un terrain graveleux, un sous-sol
très-rude dès 0m,08 de profondeur, semblable à celui scarifié à
la même profondeur par les appareils de MM. Howard. La surface
scarifiée en 11 minutes de travail a été de 532 mètres carrés, ce
qui correspond pour un travail de 10 heures, coûtant 80f,50, à
une surface scarifiée de 2 hectares,90, d'où ressort à $\dfrac{80f,50}{2,90}$ soit

à 27^f,75, le prix de revient d'un hectare scarifié par les appareils de M. de Poncins à une profondeur de 0^m,20.

Le sol était moins réduit et moins mélangé qu'après le travail du cultivateur de MM. Howard. Les socs ne coupaient pas continûment le sous-sol, par insuffisance de largeur.

Scarifiage profond à 0^m,45 de profondeur.

Ce travail a été exécuté par le cadre allongé de M. le marquis de Poncins, armé de trois dents aciérées à leurs extrémités travaillant dans le même sol ci-dessus défini : l'enrayure était de 133 mètres. En 80 minutes il a été défoncé une surface de 15 ares, 96, ce qui correspond à 1 hectare,19, pour un travail de dix heures coûtant 80^f,50. Le défoncement d'un hectare d'un pareil sol à une profondeur de 0^m,45 ressort donc à la somme de $\dfrac{80^f,50}{1,19}$ soit 67^f,64, en chiffre rond 68 fr.

Le sous-sol n'était pas coupé régulièrement dans le plan inférieur de défoncement, ce que l'on constatait en enlevant avec soin le sol remué ; aussi pour rendre ce travail tout-à-fait satisfaisant eût-il été nécessaire de croiser le premier défoncement par un second qui eût été exécuté en moitié moins de temps par suite de la moindre résistance du sol déjà ébranlé. On peut donc estimer à environ 100^f,00, le coût d'un hectare de défoncement à 0^m,45 avec le cultivateur de M. de Poncins dans un sol aussi résistant que celui du champ de concours de Roanne.

Défoncement à 0^m,55 de profondeur.

M de Poncins qui dirigeait lui-même toutes les opérations de sa culture à vapeur a voulu défoncer à la profondeur de 0^m,55, le même sol déjà défini : une seule tige est restée en prise et a résisté ainsi que son assemblage avec le cadre du cultivateur à l'effort très-considérable auquel elle était soumise. Il n'est donc

pas douteux que même dans un pareil sol, certes un des plus
résistants qu'il soit possible de rencontrer, le cultivateur de
M. de Poncins aurait pu être armé d'une seconde dent travaillant
à la même profondeur qui aurait encore laissé le travail de l'appareil défonceur en rapport avec la puissance de la locomobile et la
force des organes de transmission, sauf toutefois pour les ancres :
celles-ci chassaient, dès qu'on leur demandait un pareil effort à
supporter, parce qu'elles ne trouvaient pas assez de résistance
dans la couche supérieure du sol ; antérieurement façonnée et
aussi parce que l'arcature de ces ancres n'était pas convenablement disposée pour tendre à pénétrer de plus en plus dans le
sous-sol. Il n'a donc pas été possible au Jury de donner suite à
cet essai dont cependant il a cru devoir faire mention.

Expériences dynamométriques.

Avant de passer au travail de la machine, présentée par
M. Ganneron, nous devons donner ici les résultats obtenus dans
les essais dynamométriques auxquels nous avons soumis compa-
rativement les appareils de MM. Howard frères et de Poncins.
Nous aurions attaché la plus grande importance à donner plus
d'extension à ces essais, mais le dynamomètre que le Jury a
demandé à M. le lieutenant-général Morin, directeur des arts et
métiers, par l'intermédiaire bienveillant de M. Cazeaux, inspec-
teur-général de l'agriculture, n'était pas assez puissant pour
répondre à tous les besoins de nos expériences. Ce dynamomètre dont les arts mécaniques, comme il est doux à tout français de
le rappeler, sont redevables à la science aussi profonde qu'ingé-
nieuse de M. le lieutenant-général Morin, ne pouvait enregistrer
et totaliser, que des séries d'efforts dont le plus intense ne devait
pas dépasser 400 kilog. : or il eut été nécessaire que l'appareil
pût au besoin supporter des efforts d'environ 1,000 kilog. à en
juger par les essais que nous avons pu faire, et dont nous allons
parler. Nous avons voulu d'abord constater quel effort exigeait

chacun des appareils de MM. Howard et de Poncins, marchant à
vide, c'est-à-dire sans cultiver le sol, puis successivement jusqu'à
la limite de puissance du dynamomètre, le supplément d'efforts
et de travail exigé par la mise en prise d'une dent, de deux
dents, etc. Les essais ont été faits sur les cultivateurs de
MM. Howard, et sur le long cadre de M. le marquis de Poncins,
voici les résultats constatés à une vitesse de marche des appareils
d'environ un mètre par seconde.

Appareils de MM. HOWARD frères.

Le dynamomètre inséré entre l'extrémité d'un des câbles et le
cultivateur avait entre lui et le tambour de traction, c'est-à-dire
enrouleur, un développement de câble de 200 mètres; entre
le cultivateur et le tambour enrouleur, le câble de suite avait
une longueur de 140 mètres. Ceci posé, en allant, le dynamo-
-mètre enregistrait les efforts dûs à la traction de l'appareil travaillant ou ne travaillant pas suivant les cas, mais toujours entraînant le câble sur une longueur de 140 mètres qui se déroulait
d'un des tambours; en revenant, le dynamomètre enregistrait
l'effort dû à l'entraînement du câble de suite, sur une longueur
de 200 mètres, et au déroulement du câble de l'autre tambour.
Voici les résultats fourni par le dynamomètre :

		Effort moyen.
(1) Cultivateur marchant à vide.	en allant	184 kilogr.
	en revenant	86 —,
(2) Cultivateur armé d'une dent, scarifiant	en allant	216 —
à une profondeur de 0m.17.	en revenant	72 —
(3) Cultivateur armé de deux dents, scarifiant	en allant	248 —
à une profondeur de 0m.17.	en revenant	80 —

La différence entre les deux tensions (1) (2), à l'aller, 216^k
moins 184^k, soit 32^k, représente l'effort attribuable uniquement

à une dent du cultivateur de MM. Howard frères, scarifiant à une profondeur de $0^m.17$ dans la nature de sol que nous avons fait connaître. Il est à remarquer que cette tension est la même que celle obtenue en retranchant (2) de (3) à l'aller, 248^k moins 216^k soit 32^k, ce qui pouvait être prévu.

Les différences entre (1) (2) et (3) au retour, ne peuvent s'expliquer que par des variations dans l'enroulage plus ou moins sans moues ni coques. Le développement des câbles tant de traction que de suite, étant en moyenne dans la pratique de la culture à vapeur d'environ 800 mètres au lieu de 340 mètres comme dans le cas de cet essai, il y a lieu de tenir compte d'un supplément de tension qu'il sera possible d'évaluer approximativement d'après les expériences faites par M. Amos, ingénieur-consultant de la Société Royale d'Agriculture en Angleterre, lors du concours de Leeds en 1861. Cet ingénieur, en effet, a constaté que l'effort nécessaire pour tirer un câble de 466 mètres de longueur, glissant à la vitesse ordinairement usitée sur des porteurs de MM. Howard, était de 87^k, soit de $0^k,186$ par mètre courant de câble ; l'effort dû à ces 460 mètres de câble supplémentaire ordinairement en service serait donc, d'après ces données, de $460 \times 0^k,186$, soit 85^k.

Le travail par seconde (T), absorbé pour la marche des appareils Howard à vide, d'après l'ensemble des données précédentes, peut donc être ainsi établi :

$$\text{Tr.} = F \times V^1$$

$$F = F' + F'' + F'''$$

$F' = 184^k$ effort dû à la traction du cultivateur à vide, au frottement et au déroulement du câble de suite, longueur 140 mètres.

---

[1] Ce qui veut dire : — Le travail d'une force en 1" (TT), est représentée en dynamie par le produit de cette force (F), par le chemin parcouru par le point d'application de cette force pendant 1", c'est-à-dire sa vitesse (V).

F"= 86^k effort pour vaincre les frottements et la résistance au déroulement du câble de suite de 200 mètres

F'''= 85^k effort supplémentaire pour traction de 460 mètres de longueur de câble en sus du développement de ceux existant lors des expériences.

F'+ F"+ F'''= 355 kilogrammes, or, dans la formule précédente Tr. = F×V, si on fait V = 1 mètre par 1", on aura Tr. = 355 kilogrammètres pour une seconde. En divisant 355 par 75 représentant le nombre de kilogrammètres équivalant au travail du cheval-vapeur d'après sa propre définition, on a donc $\frac{355}{75}$ soit 4,73 chevaux-vapeur, sur les 12 chevaux-vapeur de la force motrice absorbée par la mise en marche à vide, à la vitesse d'un mètre à la seconde, de l'ensemble des appareils de MM. Howard frères.

Enfin, si on retranche F" de F', on a très-approximativement l'effort nécessité par la marche à vide, à la vitesse de 1 mètre par seconde du cultivateur, effort qui doit être d'environ 100 kilogrammes, c'est-à-dire absorbant 1,33 cheval-vapeur sur les 4,73 chevaux-vapeur représentant le travail total perdu pour la marche à vide.

Comme dans le cas de travail par les chevaux ordinaires, le cultivateur devrait toujours être traîné directement par eux, il est donc permis de conclure, des expériences ci-dessus, que le système de transmission par les tambours, câbles métalliques, porteurs et poulies absorbent un travail de 3,40 chevaux-vapeur, sur les 12 chevaux de la force motrice [1].

---

[1] A cette vitesse de marche des appareils de 1 mètre par seconde, pour que la machine Garrett conserve une puissance de travail de 12 chevaux-vapeur, le nombre des coups de piston devant devenir seulement le tiers de celui correspondant à une vitesse de marche des appareils de 1^m,50 par seconde, constatée pendant les expériences, il suffira que la tension de la vapeur dans la chaudière soit de 5 atmosphères 50 au lieu de 4 atmosphères 50, ce qui sera facilement obtenu.

Tels sont les résultats des expériences dynamométriques auxquelles nous avons soumis les appareils de MM. Howard frères.

Appareils de M. le marquis de PONCINS.

Le dynamomètre n'était pas assez puissant pour qu'étant appliqué aux appareils de M. le marquis de Poncins, on puisse obtenir plus que la traction des câbles entraînant le cadre marchant à vide, la longueur du câble comprise entre le dynamomètre et le tambour enrouleur était de 377 mètres; celle du câble de suite était de 298 mètres. Dans ces conditions, en allant, le dynamomètre a accusé une tension moyenne de 264 kilogrammes pour tirer à la vitesse d'environ 1 mètre par seconde le cadre marchant sans travailler, entraînant le câble d'une longueur de 377 mètres glissant sur les porteurs du câble de M. de Poncins, et enfin dérouler ce câble du tambour. En revenant, le dynamomètre a accusé une tension moyenne de 136 kilogrammes employée à vaincre les frottements du câble sur une longueur de 298 mètres, et le travail de déroulement dudit câble. L'ensemble de ces deux efforts pour traîner à vide les appareils de M. de Poncins était donc de 400 kilogrammes, quand il n'était que de 277 kilogrammes pour les appareils de MM. Howard. Il est vrai que, la longueur des câbles des appareils de M. de Poncins était de 675 mètres, lorsque celle des appareils de MM. Howard n'était que de 340 mètres, mais, d'après ce que nous avons dit plus haut, il est facile d'évaluer la portée de cette différence dans la longueur des câbles car il suffit de multiplier 0 kilogramme 186 par 335 différence des longueurs de câbles, et on a 62 kilogrammètres qui, ajoutés aux 270 kilogrammes déjà constatés, donneraient, pour la tension totale des câbles menant à vide les appareils de MM. Howard, avec une même longueur de câble de 675 mètres, un effort de 332 kilogrammes, au lieu de 400 kilogrammes réclamés par les câbles donnant la même vitesse de marche à vide aux appareils de

M. de Poncins. La vitesse des appareils dans les deux cas étant la même et de 1 mètre par seconde, on aura, pour le travail des câbles, ayant un développement total de 675 mètres, menant à vide les appareils de MM. Howard, 332 kilogrammètres qui, divisés par 75 représentent le travail de 4 chevaux-vapeur 42, tandis que celui des câbles menant à vide, dans les mêmes conditions de longueur de câble et de vitesse, les appareils de M. de Poncins, sera de 400 kilogrammètres qui, divisés par 75, représentent le travail de 5 chevaux-vapeur 33.

Le Jury n'a pas dû pousser plus loin ses études comparatives, sous ce rapport, entre les appareils de MM. Howard et de Poncins, parce qu'il redoutait de compromettre le dynamomètre mis à sa disposition, en l'exposant, dans le cas de choc, à des efforts dépassant les limites de sa résistance.

Appareils présentés par M. GANNERON.

La piocheuse de M. Ganneron a exécuté, dans le délai de 3 heures 43 minutes, une opération de scarifiage très-énergique consistant à pulvériser, à une profondeur variable entre 0^m,25 et 0^m,27, une bande de 180 mètres de longueur sur 15,^{m}40 de largeur représentant une surface de 27 ares 72 cent. Par suite, cet appareil pouvait donc scarifier, en dix heures de travail et à cette même profondeur, 0 hectare 75 d'un sol graveleux avec sous-sol aride et parfois rocheux. Or, la dépense occasionnée par 10 heures de travail de cet appareil est la suivante :

1° 1 mécanicien à 4 fr.. . . . . 4^f. »

2° 2 ouvriers à 2^f.50. . . . . 5^f. »

3° 1 homme, 1 cheval, 1 tonneau, 1 pompe.. . 6^f.50

4° 600 kilogr. de charbon, à 3 cent. le kilogr. 18^f. »

5° Huile. . . . . 1^f. »

6° Entretien, intérêt et amortissement d'un capital de 20,000 fr. sur le pied de 25 pour
100, soit 5,000 fr., qui, répartis sur 200
jours de travail, donnent par jour.. . . . 25ᶠ. »

7° Frais de déplacement. . . . . » 50

60ᶠ. »

La dépense par hectare était donc de $\dfrac{60}{0,75}$, soit 80 fr.

Le travail était un scarifiage parfait et à une profondeur supérieure à celle usitée ordinairement pour une semblable opération;
le sol et le sous-sol étaient bien réduits et mélangés; toutefois, la
dépense était élevée.

De l'exposé des diverses expériences faites sur le champ de concours, il nous paraît devoir résulter, aux yeux de nos lecteurs,
la justification des décisions du Jury. MM. Howard frères avaient
présenté des appareils assez puissants pour obtenir tous les résultats, soit d'amélioration foncière, soit culturaux, se rencontrant
en économie rurale pratique; ils avaient une véritable supériorité sur les appareils de M. le marquis de Poncins, tant au point
de vue de la qualité des travaux exécutés, qu'à celui de leur prix
de revient, si ce n'est dans un seul cas, celui du défoncement à
une grande profondeur (de 0ᵐ,45 et au delà) d'un sol ingrat,
comme celui du concours de Roanne, assez ingrat peut-être pour
ne pas comporter une dépense en amélioration foncière aussi

considérable. L'appareil de M. Ganneron ne pouvait répondre qu'à des besoins culturaux déterminés qu'il ne pouvait encore satisfaire qu'à des conditions onéreuses au point de vue de la dépense.

Tel est le résumé des considérations qui ont déterminé le Jury à accorder la première récompense à MM. Howard frères de Bedford, le deuxième prix à M. le marquis de Poncins, dont les appareils par leur puissance peuvent réaliser des améliorations foncières irréalisables par les procédés culturaux usités tout en pouvant exécuter d'une manière convenable les travaux ordinaires réclamés par les besoins d'une exploitation rurale, enfin le troisième prix à M. Ganneron, à titre de récompense, pour l'énergie, l'intelligence et le dévouement avec lesquels il s'est dévoué à la mise en œuvre et au perfectionnement successif de la piocheuse construite par MM. Kientzy et Jarry. Nous ne pouvons pas lui dissimuler toutefois que malgré la qualité du travail réalisé par son appareil, nous pensons unanimement qu'il ne saurait triompher des trois obstacles que MM. J. Asher dès 1855, Rickett en 1859, et enfin Romaine en 1861, ont vainement cherché à vaincre en Angleterre, l'impossibilité de travailler dans des terrains forts, à la suite de pluie, les dépenses considérables entraînées par la translation à travers les champs à cultiver d'un poids mort aussi considérable (de 7000 à 8000 kilog.), enfin, la fréquence des accidents en raison des secousses directement subies par l'organisme en travail.

TROISIÈME PARTIE

L'exposé des expériences culturales et dynamométriques auxquelles nous avons soumis les appareils de MM. Howard frères et de Poncins, les prix de revient obtenus par hectare de diverses façons d'un sol, d'un travail aussi difficile, vont nous servir de base pour apprécier l'avenir de la culture à vapeur. Certes, il est indispensable avant d'établir un parallèle entre les procédés ordinairement usités en agriculture et les procédés de culture à vapeur, de tenir compte des circonstances dans lesquelles les travaux sont exécutés sur les champs de concours.

Il est manifeste que les prix de revient par hectare, qui y sont constatés, sont minima en raison du parfait état des appareils, de l'habileté des ouvriers choisis pour leur manœuvre, et enfin du zèle déployé par eux. Nous ferons remarquer toutefois, que dans la culture à vapeur, c'est sur la force motrice que porte surtout l'excédant de labeur, résultant d'une prolongation de durée ou d'accroissement d'activité dans la marche des appareils. Ainsi, sauf les enfants qui sont appelés à déplacer et à replacer successivement les porteurs de câble en amont et en aval de l'outil façonnant le sol, quelle que soit la vitesse de marche de cet appareil, le mécanicien qui dirige la force motrice, le laboureur restant à bord de la charrue, du cultivateur ou de la herse, l'enrouleur des câbles, les hommes préposés au service des poulies mobiles à l'extrémité des sillons, restent à peu près dans les mêmes conditions de fatigue. Il n'en est pas de même lorsque dans les procédés ordinaires, une marche plus active des attelages ou une prolongation de durée dans la journée de travail, amène une fatigue du personnel et des animaux, qui, dans un intérêt économique bien entendu ne doit pas dépasser certaines limites ; mais, limites que les agents sont trop souvent portés à ne pas même atteindre. Nous considérons donc qu'il sera facile et pratique de demander à la culture à vapeur douze heures de travail au lieu de dix que nous avons adoptées dans nos calculs. De cette prolongation dans la durée du travail, il résulterait un profit général qui nous la fait surtout recommander. Les ouvriers pourront sans fatigue regrettable soutenir ce travail et y trouver une légitime augmentation de salaire sans que leurs chefs aient à en souffrir, car le travail réalisé sera accru d'un cinquième, ce qui est déjà très-important au point de vue cultural et dans les dépenses qui grèvent le travail quotidien de la culture à vapeur, celle, sensiblement la plus considérable, représentant entretien, intérêt et amortissement du capital engagé dans l'acquisition des appareils, restant constante, quelle que soit la durée de ce travail quotidien, il en résultera une réduction d'environ un dixième dans le prix de la façon d'un hectare. N'est-ce pas dans cette voie que l'agriculture doit entrer pour arriver à la solution de ces problèmes importants dans lesquels nous résumerons le but du progrès agricole : reporter sur les machines telles que batteuses, faucheuses, moissonneuses, faneuses, râteaux, appareils de culture à vapeur, etc., les fatigues qui sont souvent une charge si lourde pour les populations des campagnes ; augmenter, sans accroître le prix de revient des produits agricoles, le bien-être des travailleurs en les utilisant de plus en plus comme force intellectuelle, dirigeant les instruments perfectionnés, et par suite les empêcher d'aller chercher dans les villes un salaire plus élevé, qu'il deviendra dèslors seulement possible aux chefs de l'industrie agricole de leur allouer sans compromettre leurs intérêts.

Examinons donc si le moment est venu de conseiller aux cultivateurs d'introduire dans leurs champs, la vapeur qu'ils reconnaissent maintenant avoir eu raison d'introduire dans l'intérieur de leurs exploitations. — Commençons par déclarer que la culture à vapeur ne saurait être d'une application générale. Elle n'est une solution praticable au point de vue économique que dans des terrains dont le sous-sol n'est pas trop rocheux et dans des champs d'une certaine étendue. Les frais de déplacement des appareils Howard étant d'environ 10 fr., il deviendra facile à tout agriculteur, ayant reconnu qu'il y a profit pour lui à cultiver à vapeur, de déterminer d'après la différence de prix de revient de l'hectare par les procédés ordinaires et par la culture à vapeur, quels seront les champs qu'il sera plus avantageux pour lui de façonner à vapeur ou avec ses attelages ordinaires. Nous sommes donc amenés à calculer quelle peut-être la réduction à obtenir dans la dépense par hectare en employant la culture à vapeur au lieu des procédés ordinaires.

— Le Jury ne disposait ni du temps, ni des moyens qui lui eussent été nécessaires pour traiter par la voie expérimentale la question du parallèle entre les appareils de culture à vapeur et ceux ordinairement usités en agriculture.

— Il nous paraîtra intéressant de voir sanctionnés par des expériences sur le terrain lors des prochains concours internationaux de culture à vapeur, les résultats que nous n'hésitons pas cependant à présenter aujourd'hui, en les basant sur les expériences dynamométriques dont nous avons parlé plus haut. La méthode que nous avons adoptée nous paraît inattaquable par la nature d'objections faites très-fréquemment et non sans quelque raison aux résultats déduits d'expériences directes. En effet, la construction des appareils soit ordinaires, soit à vapeur, mis en présence, peut être plus ou moins défectueuse, non pas seulement au point de vue des formes de socs ou de versoirs par rapport à la nature du terrain désigné pour le concours, mais aussi au point de vue de la qualité des matériaux employés dans leur confection. Le sol choisi pour la lutte peut-être de nature analogue mais accidentellement variable et par suite être une source de succès ou d'insuccès relatif.

La marche suivante ne sera pas exposée à de pareilles critiques.

Lors de l'exposé des expériences dynamométriques, nous avons

établi que sur la puissance de 12 chevaux vapeur attribuée à la locomobile Garrett, 3 chevaux-vapeur 40, étaient absorbés par le
travail de transmission de la force motrice à la machine-outil par
l'intermédiaire des tambours, des câbles métalliques d'un développement total moyen de 800 mètres, enfin des poulies soit fixes soit
mobiles : il en ressort donc que la traction directe de la machine-
outil aurait employé la différence soit 8 chevaux-vapeur 6, si elle
avait marché à la vitesse de 1 mètre par seconde, bonne vitesse
ordinaire des chevaux de trait devant soutenir 10 heures de travail
sur 24.

Pour déterminer le prix de revient de l'hectare de même façon
par les procédés ordinaires de culture, il nous suffirait, dans ce
cas, de calculer combien de chevaux de force moyenne devraient
être substitués aux 8 chevaux-vapeur 6, employés dans la traction
directe du même instrument, pour réprésenter dans le même temps
donné, la même quantité de travail. Ce nombre une fois trouvé, on
établirait facilement la comparaison économique cherchée.

Or, le travail pour une seconde d'un cheval-vapeur est d'après sa
définition dynamique de 75 kilogrammètres ou en d'autres termes
est équivalent au travail d'une force nécessaire et suffisante pour
élever à la hauteur de 1 mètre en une seconde un poids de
75 kilogr.

— Il est reconnu par tous les praticiens et inscrit dans tous les
traités de mécanique appliquée que le cheval ordinaire de trait
destiné à travailler pendant une journée de 10 heures, ne pouvant
fournir qu'un travail par seconde de 63 kilogrammètres est par
suite inférieur au cheval-vapeur dans le rapport de 63 à 75, soit
d'environ un cinquième.

On déterminerait donc le nombre de chevaux de trait qu'il fau-
drait substituer aux 8 chevaux-vapeur 6, fourni par la locomobile
Garrett en divisant par 63 le produit de 8,6 par 75, ce qui fourni-
rait 10 chevaux ordinaires. Mais 10 chevaux ordinaires attelés à

un même appareil ne sauraient produire une simultanéité de tirage dans la bonne direction analogue à ce qui se passe quand la force motrice est une machine à vapeur; aussi il est inutile d'insister sur un phénomène si connu et nous ne serions pas taxés d'exagération en disant qu'au moins 12 chevaux ordinaires devraient être dans cette hypothèse attelés à l'appareil de MM. Howard frères pour fournir en une seconde la même quantité de travail que celle fournie par les 8 chevaux-vapeur 6, dans le cas d'une vitesse de marche de 1 mètre par seconde de l'appareil façonnant le sol.

— Telle serait la vitesse qu'il nous paraîtrait le plus convenable d'adopter dans le cas de labour profond.

Mais la vitesse de la charrue, lors des expériences culturales, n'était pas en marche de 1 mètre par seconde mais bien en moyenne de $1^m,50$; par suite, le travail nécessité par les transmissions ci-dessus définies deviendra donc un tiers plus considérable puisque, l'intensité de la force résistante restant la même, le chemin parcouru de 1 mètre passera à $1^m,50$ par seconde : de là, au lieu de 3 chevaux-vapeur 40, ce travail absorbera 4 chevaux-vapeur 10, et ne laissera plus sur les 12 chevaux-vapeur de la force motrice qu'une puissance de 7 chevaux-vapeur 9 disponibles pour la traction directe de cette charrue mono-soc labourant à $0^m,32$ de profondeur avec une largeur de bande de $0^m,30$. Mais cette charrue marchant à la vitesse de $1^m,50$ et non de 1 mètre par seconde, en raison du principe général en dynamie que l'on perd en force ce que l'on gagne en vitesse et réciproquement, la force tirant régulièrement la charrue ne sera plus que les deux tiers de ce qu'elle eut été si la vitesse de marche eut été seulement de 1 mètre par seconde. La puissance de traction par force de cheval-vapeur à cette vitesse de $1^m,50$ par seconde au lieu d'être de 75 kilogrammes ne sera donc plus que de 60 kilogrammes.

On aura alors pour la force totale restant appliquée constamment à la charrue pendant sa marche de $1^m,50$ par seconde, $7,9 \times 60 = 474$ kilogrammes.

Il reste donc bien établi que la charrue mono-soc de MM. Howard frères pour sa propre traction directe, labourant à la vitesse de $1^m,50$ par seconde à une profondeur de $0^m,32$ dans un sol de la nature de celui du concours de Roanne, ne demandait qu'une traction uniforme de 474 kilogrammes fournis par la force motrice à vapeur.

Si nous voulons nous rendre compte du prix de revient à l'hectare du même labour exécuté avec la même charrue dans les mêmes conditions de sol et de profondeur, dans le cas où on substituerait à la force motrice à vapeur des chevaux de trait en nombre nécessaire et suffisant pour qu'à l'allure ordinaire de 1 mètre par seconde ils puissent fournir dans le même temps (1 seconde), la même quantité de travail réclamée par la charrue lorsqu'elle était tirée par la locomobile Garrett, il suffira de diviser 474 par 63 et on trouvera pour le nombre de chevaux à atteler 7,52 soit au minimum 9 chevaux pour compenser les pertes inévitables en raison du défaut de simultanéité et d'unité de direction dans le tirage d'un attelage aussi nombreux.

De ce qui précède, il ressort que 9 chevaux de trait attelés directement à la charrue mono-soc de MM. Howard pourront exécuter identiquement le même travail de labour que celui réalisé à Roanne par la même charrue menée par la locomobile Garrett; toutefois la vitesse de marche de la charrue n'étant plus que de 1 mètre par seconde, au lieu de $1^m,50$, lorsqu'elle était menée à vapeur. Ceci bien compris, nous n'avons plus qu'à apprécier quelle sera la surface labourée en dix heures de travail par ces 9 chevaux, et quelle sera la dépense dans ce même temps.

1° Quelle sera la surface labourée en dix heures de travail?

L'enrayure de 260 mètres de longueur sera parcouru en 260 secondes, puisque la vitesse de la charrue est de 1 mètre par seconde. Chaque sillon comportant une tournée à chaque extrémité, et chaque tournée ne pouvant réclamer moins d'une minute, soit 60 secondes (ce qui encore ne serait possible qu'avec des agents et des chevaux habitués à un pareil service), il faudra donc compter 380 secondes pour la confection de chaque sillon ; or, la largeur de la bande étant de 0^m,30, la surface labourée représentant chaque sillon de 260 mètres de longueur, donnera une surface de $260 \times 0^m,30$, soit 78 mètres carrés. On aura donc pour dix heures de travail, c'est-à-dire 36000 secondes, la règle de trois suivante :

$380" : 78 :: 36000" : x$, surface labourée en dix heures de travail d'où on tire $x = \dfrac{36000 \times 78}{380} = 7389$ mètres carrés, soit 0 hectare 74 environ.

2° Quelle sera la dépense entraînée par cet attelage de 9 chevaux ?

On peut l'évaluer ainsi qu'il suit :

1° 9 chevaux à 4 fr. 12. . . . . 37 fr. 08

2° Entretien, intérêt, amortissement de la charrue coûtant 500 fr. 20 pour 100 par an, soit 100 fr. répartis sur 200 jours de travail, par jour.. 0   50

3° Un ouvrier pour conduire la charrue. 2   50

                                                      40   08

Soit 40 fr.,00.

Voici d'après quelles données nous avons fixé à 4 fr.,12 le coût d'un collier y compris les frais de toute nature qu'il comporte.

Les dépenses d'un collier comprennent :

1° La nourriture du cheval ;

2° Ses frais de conduite ;

3° L'intérêt du capital d'acquisition, son amortissement, les frais de maréchal, de bourrelier et de vétérinaire. Evaluons successivement chacun de ces articles :

1° Nourriture par jour :

7 kil.,50 de foin à 0 fr.,06.	0 fr.,45	
14 litres d'avoine à 0 fr.,08.	1	12
3 kilogrammes de paille à 0 fr.,03.	0	09
	1	66

A déduire pour valeur du fumier en raison de ce que les attelages sont plus d'un tiers du temps hors des écuries. 0 10

Reste de dépense nette, quotidienne. 1 56

2° Frais de conduite :

On doit admettre qu'un homme est nécessaire et suffisant pour le pansage et la conduite de 3 chevaux. Le salaire de cet homme étant estimé en moyenne à $2^r,50$ par jour, comme nous l'avons porté dans tous nos calculs antérieurs, les frais de conduite par collier sont donc par jour de $\dfrac{2^r,50}{3}$, soit de $0^f,83$.

3° Intérêt du capital d'acquisition, amortissement et frais accessoires tels que ceux du maréchal, du bourrelier et du vétérinaire.

Le prix d'acquisition ne saurait être au-dessous de 800 francs, l'intérêt du capital 5 pour 100, l'amortissement 10 pour 100, la durée moyenne du cheval de trait ne pouvant être portée au delà de dix ans ; les autres frais nécessaires désignés ci-dessus, représentant environ 5 pour 100, on obtiendra pour l'ensemble de cet article une valeur égale à 20 pour 100 du capital d'acquisition, soit 160 fr.

Le total des dépenses pour un collier et sa suite pour une année de 365 jours sera donc la suivante :

1° Nourriture 1^r,56 × 365	569 fr.,40
2° Frais de conduite 0^r,83 × par 365.	302 .95
3° Frais accessoires, intérêt, amortissement 20 pour 100, de 800 fr..	160 00
	1032 35

Soit 1032^r,35, qui, répartis sur 250 journées utilisables, obtenues en déduisant des 365 jours de l'année 115 jours de repos pour fêtes et mauvais temps, donnent pour les frais d'une journée de collier utile $\dfrac{1032^r,35}{250}$, soit 4^r,12, prix que nous avons porté plus haut.

Dans une journée de travail coûtant 40^r,00 la surface labourée par les 9 chevaux n'étant que de 0 hectare 74, le prix de revient de l'hectare de labour profond de 0^m,32 exécuté par les chevaux dans les conditions identiques à celles réalisées par la culture à vapeur, ne s'aurait donc être estimées coûter moins de $\dfrac{40}{0,74}$, soit environ 54^r,05 au lieu de 35^r,33 obtenus quand la force motrice est la vapeur.

Ainsi, surface double labourée dans les mêmes conditions de temps et dépense réduite d'un tiers, tel est le résultat du parallèle que nous venons d'établir entre les procédés de culture à vapeur et ceux ordinairement usités.

Avons-nous besoin d'ajouter que la vapeur a pour conséquence de supprimer les inconvénients, graves surtout pour les terres fortes, résultant inévitablement du piétinement de 9 chevaux, lorsque le terrain est humide.

Procédant de la même manière en ce qui concerne le labour ordinaire, il résultera que les 9 chevaux de trait appelés à remplacer la traction de la vapeur sur la charrue tri-socs de MM. Howard frères, ayant labouré à une profondeur de 0m,19 avec un enrayure de 150 mètres et chaque soc coupant une bande de 0m,25 de largeur, pour une dépense de 40,00 calculée plus haut, pourront labourer la surface suivante :

$$150" + 120" : 3 \times 0^m,25 \times 150 :: 36,000" : x,$$

$$\text{d'où } x = 1 \text{ hectare } 50$$

par suite l'hectare labouré dans des conditions identiques de profondeur et de sol, aurait donc coûté, exécuté par des chevaux de trait à Roanne, $\dfrac{40}{1,5}$ soit 26,66 au lieu de 14f,00.

Quant au scarifiage à la profondeur de 0m,20, on obtiendra les résultats analogues suivants : pour une dépense de 40f,00, en dix heures de travail, la surface scarifiée sera la suivante, l'enrayure étant toujours comme pour le cas de la culture à vapeur, de 150 mètres, et la largeur scarifiée par le même cultivateur étant de 0m,90, la vitesse du cultivateur étant devenue comme celle de l'allure des chevaux de 1 mètre par seconde.

$$150" + 120 : 0^m,90 \times 150 :: 36,000" : x$$

d'où $x = 1$ hectare 80, par suite la dépense de l'hectare de scarifiage effectué par 9 chevaux dans des conditions identiques à celles réalisées par les appareils de MM. Howard frères, à Roanne, aurait été de $\dfrac{40^f}{1,8}$, soit de 22,22 au lieu de 13f,25.

On ne doit pas être surpris des résultats obtenus en faveur de la culture à vapeur si on résume en peu de lignes les conditions de supériorité du cheval-vapeur sur le cheval ordinaire.

Le cheval-vapeur quoique plus puissant d'un cinquième ne coûte cependant que le même prix, environ 800f,00, ses dépenses d'entretien, d'intérêt et d'amortissement sont les mêmes que celles analogues du cheval ordinaire, soit environ 160f,00; ses frais de conduite et d'alimentation en eau et combustible ne sont que de 0f,66 par jour (8f,00 pour 12 chevaux-vapeur de la machine Garrett) au lieu de 0f,83 pour le cheval ordinaire. Sa consommation quotidienne en combustible et huile est de 1f,30 : 40 kilog. de charbon à 0f,03 soit 1f,20 et 1f,10 d'huile pour le mouvement; tandis que le cheval ordinaire coûte pour 10 heures aussi de travail effectif 1f,56; enfin, quand le cheval-vapeur ne travaille pas, il ne consomme rien, tandis que dans les mêmes circonstances, le cheval animé coûte environ 1f,40, en portant à son credit la totalité du fumier produit en 24 heures.

Si déjà la situation présente comporte des avantages si marqués en faveur du cheval-vapeur, l'avenir ne lui sera-t-il pas de jour ne jour plus favorable? en effet, le cheval-vapeur coûtait, il y a quelques années seulement, d'abord 1200f,00, ensuite 1000f,00, enfin aujourd'hui seulement 800f,00, et ce coût est encore appelé à baisser avec le progrès de l'industrie disposant d'un outillage de plus en plus important et perfectionné et profitant de l'abaissement continu du fer et du charbon. Cet historique du prix du cheval-vapeur n'est-il pas le contre-pied de celui des chevaux de trait dont le prix va toujours croissant. Quant aux consommations quotidiennes, le prix des fourrages et de l'avoine, ne tend-il pas toujours à monter pour le cheval de trait, quand au contraire pour le cheval-vapeur le prix de la houille ne tend-il pas à décroître?

Cette comparaison économique entre le coût du travail par cheval de trait ou par cheval-vapeur a déterminé depuis quatre années en Angleterre un mouvement qui est aujourd'hui trop étendu pour qu'il ne soit pas considéré comme la sanction des développements dans lesquels nous venons d'entrer.

Plus de six cents appareils da culture à vapeur y fonctionnent maintenant (plus de 400 des systèmes Howard frères et Smith, plus de 200 du système Fowler). Ce n'est pas de l'engouement, car le plus grand nombre de ces appareils est entre les mains de cultivateurs qui ne sont pas propriétaires des terres qu'ils cultivent.

Si nous ne doutons pas de l'importance des services que la vapeur introduite dans la culture des champs pourra rendre à l'agriculture française, toutefois il est une marche prudente à suivre que nous croyons devoir indiquer à nos confrères en terminant ce rapport.

La culture à vapeur, pour être économiquement parlant, rémunératrice, correspond à un certain degré de civilisation, tant de la part du sol que de celle du personnel d'exploitation.

Quant au sol, il faut que le domaine ait en surface arable une étendue d'au moins cent hectares, que la surface partielle de la plupart des champs soit d'au moins quatre hectares pouvant être cultivés à plat, par suite naturellement ou artificiellement drainés.

En effet, les sillons des charrues à vapeur doivent-être tracés continûment comme ceux obtenus avec les charrues tourne-oreille dites brabançonnes.

Le sous-sol ne doit pas contenir trop de roches de nature à arrêter subitement et trop fréquemment les appareils et à occasionner des chocs redoutables pour leur bonne conservation. Quant au personnel il faut qu'il soit préalablement familiarisé avec des instruments de culture perfectionnés tels que machines à battre, scarificateurs, faneuses, râteaux à cheval, coupe-racines etc.

Aussi, ne conseillerons-nous d'acquérir les appareils de culture à vapeur qu'aux cultivateurs aisés, cultivant un domaine dans les conditions ci-dessus définies, et ayant besoin d'une force motrice de dix à douze chevaux-vapeur pour pouvoir, de novembre à fin de février, faire marcher simultanément les divers instruments, d'une distillerie par exemple, ainsi que leurs travaux de battage; et de mars à octobre, utiliser cette force motrice pour le travail dans les champs; comportant labours, scarifiages et hersages.

Un pareil ensemble d'outillage comportera l'installation d'aménagements accessoires peu dispendieux et permettant un prompt et économique entretien de ses divers appareils, aménagements tels que forges, étaux, machines à percer, à tarauder, etc.; de la sorte, lorsque la machine à vapeur ne travaille pas, le mécanicien peut s'occuper sans la moindre perte de temps à son petit entretien, ainsi qu'à celui des divers outils en service dans l'exploitation; quant au gros entretien, il devra y être paré à l'aide de pièces de rechange toujours en approvisionnement.

Mais à tous les autres cultivateurs, nous conseillons d'attendre que des constructeurs français, comprenant l'avenir de la culture à vapeur en France, organisent des entreprises ayant pour but de traiter par hectare et à prix débattus en raison de la profondeur des façons de la nature du sol et de la surface des champs. Cette division du travail aura pour résultat de permettre aux cultivateurs de se rendre un compte direct des conséquences pratiques et économiques de l'application de la culture à vapeur dans leurs propres champs et lorsqu'une fois familiarisés, eux et leur personnel, avec ces appareils, ils en auront reconnu l'efficacité, ils pourront sans danger songer à les acquérir.

Les constructeurs qui entreront dans cette voie et sauront y persévérer, nous n'en doutons pas, seront récompensés de leurs efforts. Aussi en terminant, devons nous féliciter M. le marquis de Poncins d'avoir le premier conçu ce programme et de l'avoir réalisé en fondant la société forézienne proposant aux cultivateurs du Forez le défoncement à forfait de leurs domaines. Nous souhaitons que ses nobles et intelligents efforts soient couronnés du succès qu'ils méritent et dont en toute conscience nous croyons unanimement devoir ici le remercier au nom de l'Agriculture française.

Le Rapporteur :

Ernest PEPIN-LEHALLEUR.

A Coutançon, par Montigny-Lencoup (Seine-et-Marne).

MONTEREAU. — IMPRIMERIE DE LÉON ZANOTE.